「白くかがやく頭と、
とがった黄色いくちばし。
アメリカ先住民族にとって
ハクトウワシは神の使い。
大切な儀式(ぎしき)では
ハクトウワシの羽根で飾(かざ)りつけた
衣装(いしょう)を身にまとい、
天高くにいる精霊(せいれい)へ
いのりをとどける。」

ハクト

ウワシ

写真・文
前川貴行

ぼくがハクトウワシに出会ったのは、

生まれてはじめてアラスカに行ったとき。

南東アラスカの海に浮(う)かぶ無数の島のうちの一つで。

海岸でヒグマを見つけて写真を撮(と)る後ろで、

樹上(じゅじょう)高くにとまり、

ヒョッ、ヒョッ、ヒョッというかん高い鳴き声をあげてぼくを見ていた。

いさましい顔立ちとはあべこべに、

少しおどけたような鳴き声が不釣(ふつ)り合いだと思った。

ある年の冬、ぼくはアラスカ南部キナイ半島にあるホーマーを訪(おとず)れた。

イーグルレディに会うためだ。

アメリカ中の人からイーグルレディと呼ばれ、

親しまれているジーン・キーンは、

1923年生まれの女性で、この地でハクトウワシの保護活動をしていた。

アメリカのシンボルでもあるこの鳥は、
1960年代には絶滅の危機に瀕していた。
家畜をおそう害獣として狩られてきたことと、
殺虫剤などの農薬汚染の影響をまともに受け、
卵の殻がうすくなるなどで
ヒナがかえらなくなったことが主な原因とされた。
その昔、ヨーロッパから入植した人たちにとってのハクトウワシが、
先住民たちの想いとはまるで異なる存在だったことも大きい。
ハクトウワシを狩ることに、懸賞金が出された時代さえあり、
ほぼ100%が人による被害だった。

ジーンがある朝、朝食を食べていたら、二羽のハクトウワシが庭にやってきた。
とつぜん目の前に現(あらわ)れたその威厳(いげん)のある姿(すがた)に感動をおぼえたという。
今とちがい、ハクトウワシの姿をめったに見ることができない時代だった。

それからというもの、冬場の獲物(えもの)がなくなる時期に、
働いていた水産加工工場からすてる魚のアラなどをもらい、
ハクトウワシに与(あた)えはじめた。
1970年代後半のことだ。

快く迎え入れてくれるジーンのフィールドで、
何年にもわたって
ぼくはハクトウワシの姿を間近に見つづけた。
遠くから獲物を見つけるするどい眼。
獲物にくいこむかぎ爪。
肉を引き裂くかぎ状にまがったくちばし。
大空を飛翔し、血だらけで争い、
降り積もる雪に静かにたたずむ。
そしてその眼に宿る野性の光に、
ぼくはどんどん引きこまれていった。

ときおり雪が舞う凍てつく4月の終わり、
北大西洋に浮かぶカナダ・ニューファンドランド島の東海岸で、
長いキャンプ生活に入った。
ジーンのフィールドでハクトウワシに魅了されたぼくは、
子育てする姿をどうしてもカメラにおさめたいと思い、
北米中をさがしてようやくこの地にたどり着いたのだ。

グリーンランドやその周辺の島じまの
氷河や棚氷から切り離された氷山が、
いくつも押し寄せる北大西洋の荒海。
そこにそびえ立つ、高さ数百メートルの断崖上に巣はあった。
陸地からは20メートル程離れているため、
人間や他の動物が容易に近づくことができない安全な場所だ。
もちろん見えはしないけれど、
この海のはるか彼方にはアフリカ大陸が横たわる。

枯れ枝や草を集めて作られた
直径3メートル程の巣は、
ハクトウワシが
何世代にもわたって利用し、
補修しながら大きくしてきたものだ。
おそらく数十年はたっているだろう。

巣のなかで一羽のハクトウワシがうずくまっている。

ワシが姿勢を変えるときに、

体の下で白っぽいものが見えた。

卵だ。

ぼくはホッと胸をなでおろす。

こんなところにまでやって来たが、

子育てをしていなかったらどうしようと思っていたからだ。

別のハクトウワシが飛んできて、抱卵(ほうらん)を交代した。

ハクトウワシはふつう、つがいで子育てをするのだ。

抱卵を代わる際に、

クリーム色をした卵が二個あるのがはっきりと確認(かくにん)できた。

Canon
EOS

少し離れたキャンプから
巣のある断崖まで、毎日通った。
急斜面の断崖上から観察するので、
足を滑らせれば、
あっという間に海のもくずだ。
登山用のロープを
身体とカメラを載せた三脚に巻き、
ロープの両端を太い木にくくりつけた。
これなら万が一足を滑らせても
崖の途中で止まるはずだ。

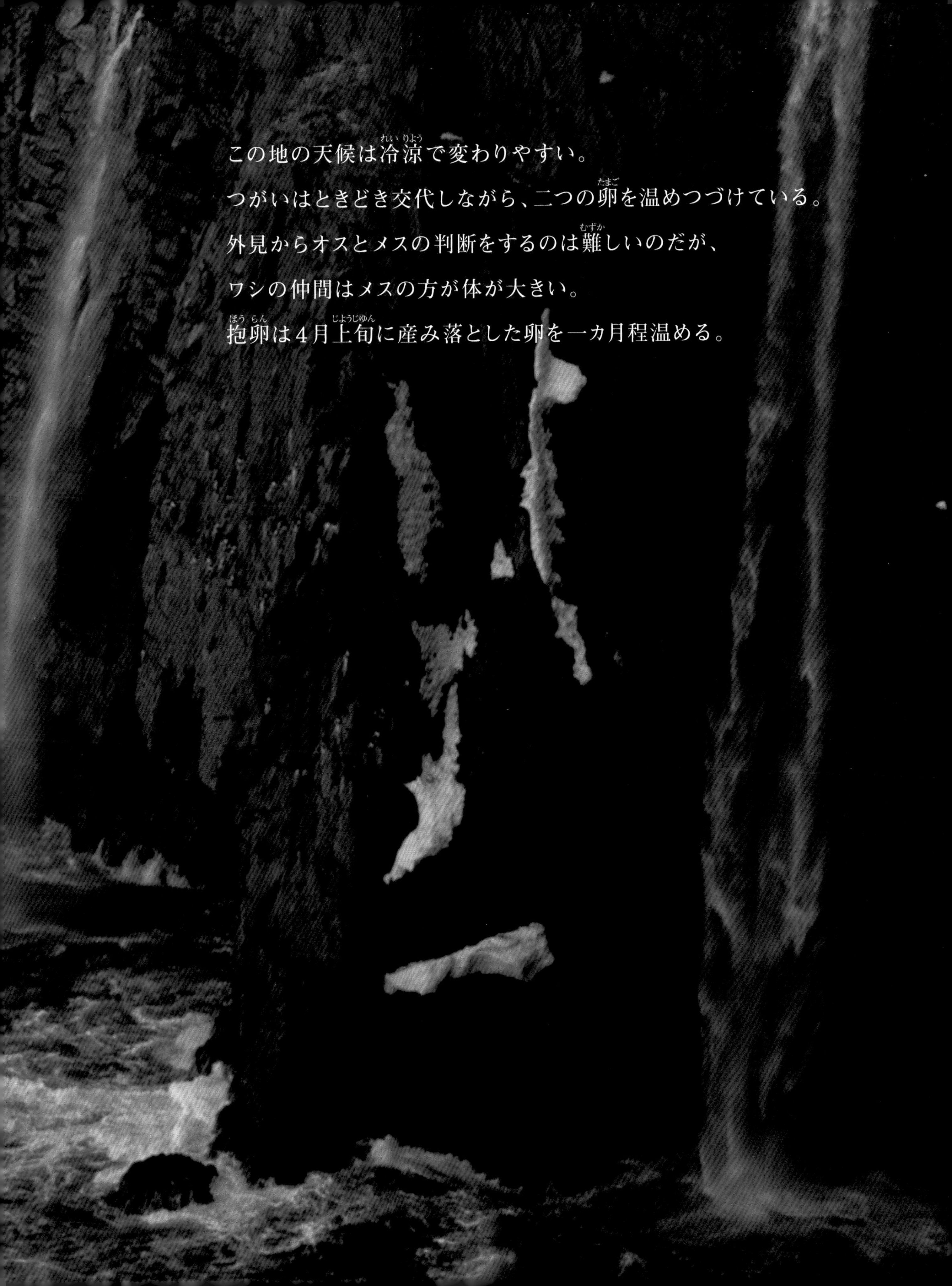

この地の天候は冷涼で変わりやすい。

つがいはときどき交代しながら、二つの卵を温めつづけている。

外見からオスとメスの判断をするのは難しいのだが、

ワシの仲間はメスの方が体が大きい。

抱卵は4月上旬に産み落とした卵を一カ月程温める。

早朝から日没まで、吹きっさらしの断崖上で撮影していると
骨の髄まで冷えてくる。
夕方に撮影を終えると、結んでいたロープを解いて機材をかたづけ、
ザックを背負って急ぎ足でキャンプにもどる。
途中で手頃な枯れ木を見つけると、両腕に持てるだけ抱えて帰る。
急いで焚き火をおこし、炎の温もりが身体に染みこむころ、
ようやく生きた心地がもどってくる。

翌朝、日の出とともに巣に向かうと、
昨日と変わらず親鳥はじっと卵を温めている。
ぼくはいくら冷えるとはいえ、防寒着を身につけ、夕方になれば
キャンプにもどって焚き火にあたれる。
そしてテントのなかで真冬用のふかふかのシュラフにくるまって、
暖かな夜をすごせるのだ。
だがワシたちは、強風に吹かれ、冷たい雨に打たれ、
体に雪が降り積もってもずっと卵を温めている。

凄みのきいた野性のたくましさには、
いつも打ちのめされる。
太刀打ちすることなどできはしない。
ただ彼らの世界をそっとのぞかせてもらうだけだ。
曇天で寒ざむしい風景のなかにありながら、
ワシの体から後光のような淡い光が
発しているように見えたのは、
とても錯覚だとは思えなかった。

撮影を始めて二週間程たった5月初旬、一つの卵の殻がひび割れ、
しばらくするともう一つの卵もひび割れ始めた。
その時、卵を抱いていた親鳥が、急に鳴き始めた。
その表情は、とても興奮しているように見えた。
まちがいなく、どこかにいるつがいの相手に、ヒナが誕生することを知らせているのだ。

二日後、冷たいみぞれが降りしきるなか、灰色の産毛に包まれた一羽のヒナが誕生した。
親鳥たちと共に、来る日も来る日も新たな生命の誕生を待ちつづけたぼくは、
熱い思いがほとばしり、祝福と労い、そして励ましの言葉を口走っていた。

翌日にはもう一羽のヒナが殻をやぶり、
無事に生まれた。
うすい灰色のふわふわとした産毛に包まれた、
親鳥の頭よりも小さなヒナたち。
親鳥は最初の一羽が孵化する直前、
海で魚を捕まえてきていて、
その魚を細かくちぎっては、
ヒナたちに食べさせている。

この世に出てきたばかりだというのに、
この生命力はなんなのだろう。
二羽のヒナは、たがいに体を寄せ合いながら、
競うように魚を飲みこんでいく。

食欲いっぱいなヒナたちは、
親鳥が毎日運ぶ魚やカモメをことごとく平らげ、
みるみる大きく成長していく。
７月に入るとヒナたちは、
親鳥と同じくらいの大きさになる。
くちばしも含めて全身は黒い。

ハクトウワシは成長するにつれて
だんだん頭に白い毛が交じりだし、
大人になる４歳頃、
くちばしは黄色く頭の毛は真っ白くなるのだ。

7月中旬(ちゅうじゅん)、ヒナはさかんに羽ばたいたり、ジャンプしたりするようになる。
もう間もなく巣立ちだ。
そしてある程度飛べるようになると親鳥のあとについて一緒(いっしょ)に飛び、
狩(か)りの仕方や生きる方法を学んでいく。

親鳥はほとんど巣にいることはなくなり、
ときどき獲物を巣に放り投げると
すぐに飛び去り、
離れたところからヒナを見守るようになる。
同じ時期に子育てをしているカモメのヒナを、
生きたまま巣に持ち帰ることもある。
ワシのヒナは、カモメのヒナの頭を食いちぎって
あっという間に飲みこんでしまう。
ヒナたちの面構えは日ごとに迫力をまし、
この空を我が物とする自信さえ満ちているかのようだ。

およそ三カ月間、ぼくは抱卵から巣立ちまでを見届けた。

親鳥から離れた瞬間から、
若鳥は自分の力だけで生きていかなければならない。
成鳥の獲物だって果敢に横取りする。
褐色だった頭部がだんだんと白くなりはじめた若鳥が
力強く飛翔する。
過酷な環境で生き抜くハクトウワシ。
極北の大空で、命の糸をつなぎつづけていく。

ハクトウワシの素晴らしさを
ぼくに教えてくれた
「イーグルレディ」ジーン・キーン。
後半生を
ハクトウワシの保護活動に捧げ、
絶滅の危機から救うことに
大きな貢献をした彼女は
多くの人びとに尊敬され、
愛された存在だった。
最後にジーンのフィールドを訪れた冬、
その後の春から夏にかけて行なった
子育ての取材を終えた翌年、
彼女は85年にわたった
波乱の生涯を閉じた。

のちにアメリカでは、
本格的な保護法の制定と農薬の規制、
身近な環境問題の改善に取り組み、
ハクトウワシは
個体数を飛躍的にもどし、
現在では
絶滅危惧種の指定からも解除された。